U0289964

很大很大的大问题

关于我自己

北京麦克米伦世纪咨询服务有限公司
北京市海淀区花园路甲 13 号院 7 号楼庚坊国际 10 层
邮编：100088　电话：010-82093837
新浪官方微博：@麦克米伦世纪出版

图书在版编目（CIP）数据

关于我自己 / (英) 劳编文 ;(英) 阿斯皮诺尔绘；杨海霞译.
-- 南昌：二十一世纪出版社，2014.8
(很大很大的大问题)
ISBN 978-7-5391-9660-2

Ⅰ.①关… Ⅱ.①劳… ②阿… ③杨… Ⅲ.①人类学－少儿读物 Ⅳ.① Q98-49

中国版本图书馆 CIP 数据核字 (2014) 第 113015 号

REALLY REALLY BIG QUESTIONS ABOUT ME
First published 2012 by Kingfisher
Really Really Big Questions about Me by Stephen Law, Marc Aspinall

版权合同登记号 14-2013-433

很大很大的大问题：关于我自己

[英] 史蒂芬•劳 文　[英] 马克•阿斯皮诺尔 绘　杨海霞 译

编辑统筹　魏钢强　责任编辑　杨定安
特约编辑　唐明霞　美术编辑　王晶华
出版发行　二十一世纪出版社（南昌市子安路75号　330009）
www.21cccc.net　cc21@163.com
出版人　张秋林　经销　全国各地书店
印刷　北京尚唐印刷包装有限公司
版次　2014年8月第1版　2014年8月第1次印刷
开本　787×1092　1/12　印张　6
书号　ISBN 978-7-5391-9660-2
定价　39.00元

赣版权登字 04-2014-261　

很大很大的大问题

关于我自己

[英] 史蒂芬·劳 文

[英] 马克·阿斯皮诺尔 绘

杨海霞 译

二十一世纪出版社
21st Century Publishing House

目录

第一章

我是谁？

第二章

我的身体是怎样工作的？

第三章
神奇的我

第四章
我能知道什么?

前 言

你是谁？

史蒂芬·劳 博士

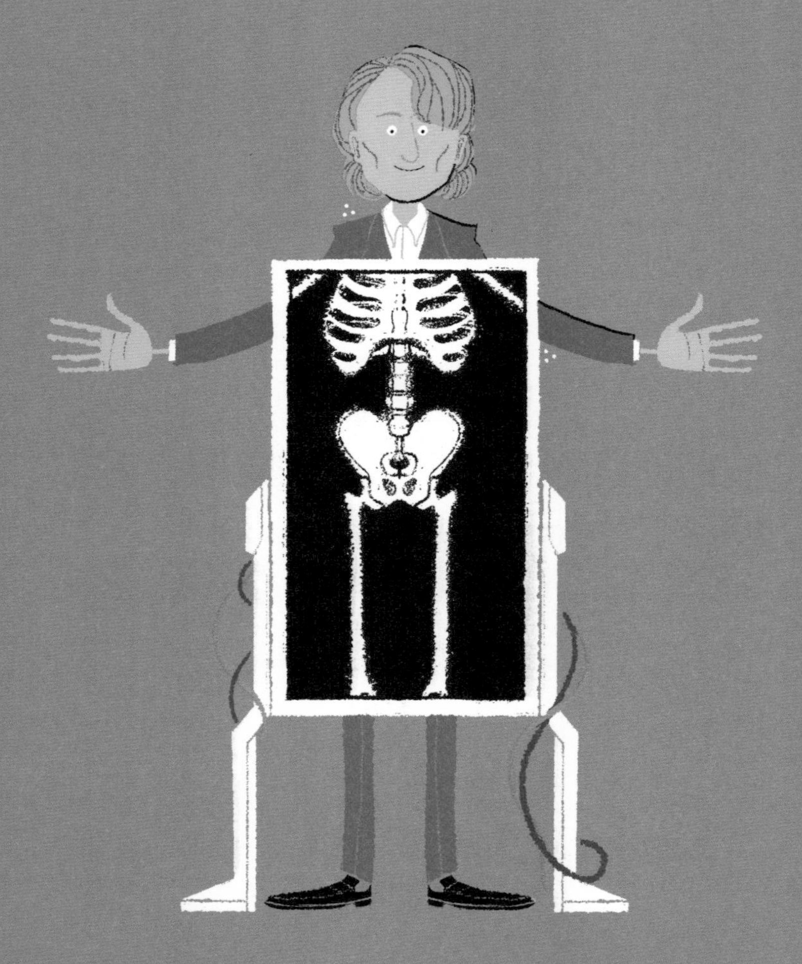

你是人类的一员，浩瀚宇宙的奇迹之一。

在浩瀚无垠的宇宙中，我们所知晓的生命体都生活在这个微不足道的星球上。地球载着我们在太空中翱翔。地球主要由岩石构成，年复一年地围绕着一颗恒星旋转。这颗恒星只是银河系中若干恒星中的一颗；而在苍茫宇宙中，银河系只是不计其数星系中的一个。

生命起源于距今 38 亿年到 36 亿年前之间。然而，人类在地球上只存在了约 20 万年。人类出现之前，地球上曾繁衍生息过各种各样非凡奇特的动物——包括恐龙。恐龙约 6500 万年前灭绝。

在地球上居住的漫长岁月中，早先的人类生活非常简单。人们过着群居生活，用天然材料搭建简陋粗糙的居所。那个时代，根本不存在“钱”这种东西，也没有城市或道路。耕种还未出现，人类必须靠捕猎和采集食物为生。

耕种、道路和城市几千年前才出现。现代科学几百年前才诞生。在极为短暂的时间内，我们彻底改变了地球，也改变了人类自身。

在地球上形形色色的生物当中，人类最先开始去了解我们从哪里来、人类和地球是如何形成的；最先领会到宇宙的浩瀚无垠；最先致力于解决与人类本身有关的重大问题，比如：

我来到这个世界上的目的是什么？
我从哪儿来？
眼睛是如何看见东西的？
人体由什么构成？
我怎么知道自己是真实存在的？
我为什么能感到疼痛？

本书充满了形形色色的超级大谜题——关于人类自身的大谜题！

做好准备，震撼你的思维！

1

我是谁？

你从哪儿来？人类从哪儿来？在世界各个角落，不同文化背景的人创作了形形色色的故事和神话来回答这些问题。比如，古代挪威人认为，最初的人类是用树干造出来的。让我们来看看，科学家对此有何发现。

让我们再来想想，人体是什么构成的？改变你头发的颜色或是鼻子的形状，你依然是你。但是，如果给你全新的身体或是全新的记忆，会怎样呢？你依然是你吗？让我们一起来看看在本章能否找到这些问题的答案。

我从哪里来？

你是人类的一员。每个人都是父母所生。

来自妈妈的卵子和来自爸爸的精子不期而遇，形成受精卵。一切就是这样开始的。受精卵首先分裂成两个细胞，然后是四个，依此类推。

随着时间的推移，受精卵不断分裂，逐渐发育成胎儿。最终，九个月之后，妈妈把孩子生下来。一个新的生命降临了！

通常情况下，这一过程都在母亲的子宫里进行。然而，现代科学技术让一切发生了翻天覆地的变化。如今，怀孕过程可以由代孕妈妈完成：从一个女人那里取出卵子，在实验室里让它与精子结合形成受精卵，然后把受精卵植入代孕妈妈的子宫里进行发育。

不是每个孩子都会和“亲生父母”——提供精子的男性和提供卵子的女性在一起。有的孩子会和新爸爸、新妈妈在一起，他们会像天下所有的慈爱父母一样关爱和养育孩子。

我们所有的人都从哪里来？

你来自亲生父母，但你的亲生父母从哪儿来？当然，他们也是父母所生。他们的父母同样是父母所生。不过，最初的人类从何而来？

几乎所有的科学家都认为，最早的现代人类大约出现在 20 万年前。我们是从早期类似于人类的物种逐渐进化而来的，而类似于人类的物种又从更早些的物种进化而来。

事实上，如今绝大多数科学家都认为，地球上的一切生物都有着或远或近的亲缘关系。你的家族树可以追溯到 37 亿年前地球上最早出现的微生物。

如此说来，地球上的每一种生物都是你的远房亲戚——即使是小小的蜗牛和鲜花！

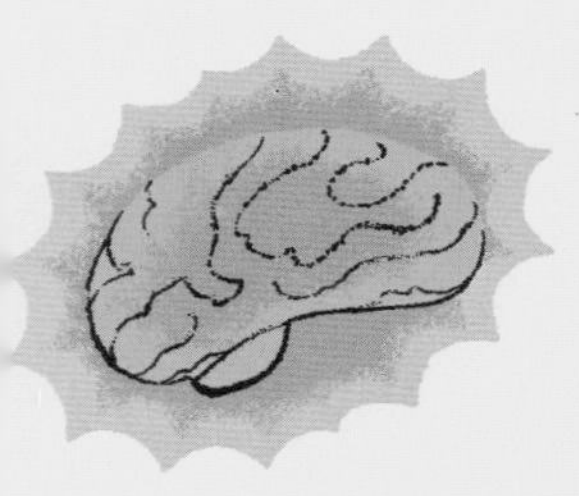

努力想一想！

生物能逐渐演变成新的生命体。可是，最初的生物是如何出现的？

我来到这个世界上的目的是什么？

这个问题很难回答。一切生物都会一代一代地繁衍。所以，从某种意义上来说，你来到这个世界上的目的就是为了繁衍后代——生孩子。

不过，繁衍后代或许是大自然创造你的目的，你完全没必要遵循。这一点取决于你自己。你能决定自己该过怎样的生活；你能决定是否要生孩子；你能决定是否要学习演奏一种乐器或是想做什么样的工作。有些选择至关重要，有些则无关紧要。你甚至能努力一把，成为吃热狗大赛的世界冠军！

如果身体发生改变，我还是我自己吗？

人总在不断变化，比如，我们越长越大。

当然，我们的思维也会发生变化——每一天，你的感觉都会不一样。有些日子，我们很开心；有些日子，我们闷闷不乐。我们的记忆也会发生变化。每一天，我们都会记住全新的体验。

你每时每刻都在发生改变。看你婴儿时的照片、蹒跚学步时的照片和能走能跳、能说会道的照片，我们看到的都是你，对吗？不过，你为什么是你自己？

我们在每张照片中看到的都是同一个生命体。是这一点让你成为自己的吗？你的身体或许发生了很多变化——比如身体的大小和形状——不过，你的身体依然是同一个生命体。

这么说，你或许就是你的身体。你的身体在哪里，你就在哪里——即使身体在不断发生改变。

我能和另外一个人互换身体吗？

如果你就是你的身体，那么这辈子你都会和同一个身体拴在一起。真的是这样吗？

本和杰克去科学实验室。科朗克教授设计了一台神奇的机器——“思维转移器”。

科朗克教授示范机器的使用方法，给本和杰克的脑袋套上头盔。电脑扫描本和杰克的大脑，精确记录其中的数据。然后，机器以迅雷不及掩耳之势对本和杰克的大脑进行重组，让杰克拥有了本的大脑，本却拥有了杰克的大脑。

接下来，科朗克教授问坐在本椅子上的那个人，他叫什么名字。此时此刻，那个人拥有杰克的大脑，大脑中存储的都是杰克的记忆。所以，虽然拥有本的身体，他却说：“我叫杰克。”看镜子的时候，他大惊失色。他记得自己的脸是什么样子——应该是杰克的脸，但镜子里面却是本的脸在盯着他！

而此时此刻，拥有杰克身体的这个人也当然认为自己就是本。

现在，到底是谁拥有本的身体呢？本还是杰克？这个问题有点蹊跷，不过答案好像是：杰克。看起来简直就是本和杰克被互换了身体！

以上只是一个虚构的故事。这样的魔法机器还没问世呢。不过，在未来的某一天，或许有人能发明它。果真如此的话，人们就能互换身体了！

是记忆让我成为我自己的吗？

拥有杰克身体的人并不能成为杰克，那么，是什么让某个人成为杰克的呢？

答案或许是——拥有杰克的记忆。杰克在本的身体里，是因为杰克的记忆在那里。通过对两个大脑进行重组，科朗克教授的思维转移器互换了本和杰克的记忆。本和杰克也因此互换。

他们就在记忆所在的地方。

如此说来，你的记忆在哪里，你或许就在哪里。或许，是记忆让你成为自己。是这样吗？

记忆是我们所有人都随身携带着的日记本。

普礼慎小姐

摘自奥斯卡·王尔德的讽刺风俗喜剧《不可儿戏》(1895年)

80岁的时候，我还是我自己吗？

生活在300多年前的英国哲学家约翰·洛克认为，是记忆把人区分开来，让你成为你自己的。

但洛克的理论好像并不十分正确。他认为，如果你记得自己曾经是某个人，你才是那一个人。如果你失去记忆了，那怎么办？

我根本记不得自己婴儿时代的事情，一点儿都不记得。我有一张两岁时骑着小马的照片，但我压根不记得这回事。依照洛克的理论，我和照片中的小孩子不是同一个人。但是，我的的确确就是那个小孩子！

或许，我们可以对洛克的理论稍加修改。这样，我依然可以是照片中那个孩子。

或许，我没必要回忆起两岁时的情景，也可以是照片中那个两岁的孩子。我记不得两岁时的情景，但我记得十岁时的情景。十岁时，我能记起五岁时的情景。五岁时，我能记起三岁时的情景。三岁时，我能记起两岁时的情景。所以说，我虽然没法回忆起两岁时的情景，但我的记忆依然能把我和照片中那个孩子链接起来。这种解释或许能证明，我和照片中那个两岁的孩子是同一个人。

如果这样的话，即便80岁的时候，我依然是照片中那个牙牙学语的小娃娃。因为即使我不记得当时的情景，但记忆依然会把我和他链接起来。

世界上还有另外一个我吗?

科朗克教授的思维转移器把本和杰克的思维进行了对调。不过,人们或许没必要跟着自己的思维走。

假设科朗克教授发明了另一台更神奇的机器——人体复制机。

电线把两个盒子跟一台电脑连接起来。杰克站在第一个盒子里面,他的身体被扫描。然后,扑哧一声,一道闪电划过!他的身体在一瞬间被毫无痛楚地销毁了。在第二个盒子里,出现了一个跟他原先那个身体一模一样的全新身体。这个全新的身体拥有跟先前一模一样的大脑和一模一样的记忆。这个全新的身体看起来和杰克毫无差别。如果我们问这个人:“你是谁?”他会回答:“我是杰克。”他认为自己就是杰克。

他真的就是杰克吗?

如果记忆在哪里,人就在哪里,那么,从盒子里走出来的这个人肯定就是杰克。人体复制机摧毁了第一个盒子里的身体,然后在另外一个盒子里造出一个复制品——复制机把这个人从一个盒子转移到了另一个盒子里。

接下来,科朗克教授调整了自己的新机器。现在,这台机器不会销毁第一个身体,而是在第二个盒子里造出一个全新的身体,第一个身体依然在那里。

现在,有两个和杰克一模一样的人。事实上,这两个人都认为自己是杰克。可他们中哪一个才是真正的杰克?

你认为呢?

如果记忆在哪里,人就在哪里,那么这两个人都是杰克。但他们不可能是同一个人,因为有两个人,而不是一个。这两个人长得一模一样,但他们不是一分为二的两部分,也不是同一个人。

所以,如果他们都不是杰克,人们并不一定会随着记忆走!他们中至少有一个人不是杰克,虽然他拥有杰克的记忆!

那么,两个中哪一个才是真正的杰克呢?为什么?这是一个令人费解的难题——哲学家依然百思不得其解。或许,你有自己的看法……

人死亡以后，

人类也是一种动物。当其他动物——比如一只虾、一头牛或是一只猴子——死去，多数人认为这就是它们的终点。那么，人类有所不同吗?

有些人认为，当一个人的身体死去，这个人依然活着——因为他们相信，人有灵魂。

很多人相信，人的灵魂跟肉体相连，但也可以独立存在。没有肉体，灵魂依然可以存活。灵魂能四处漂浮，独立存在。有些人相信，死亡之后，我们的灵魂会去往一个美妙的地方——天堂。

也有人相信，人和动物会转世再生。他们认为，死亡之后，我们或许会再生。事实上，有些人认为，我们能永无休止地再生。再生后，我们不一定会变成人。在前世，你说不定是一只蚊子、一只海豚，也有可能是一位不可一世、高高在上的君王!

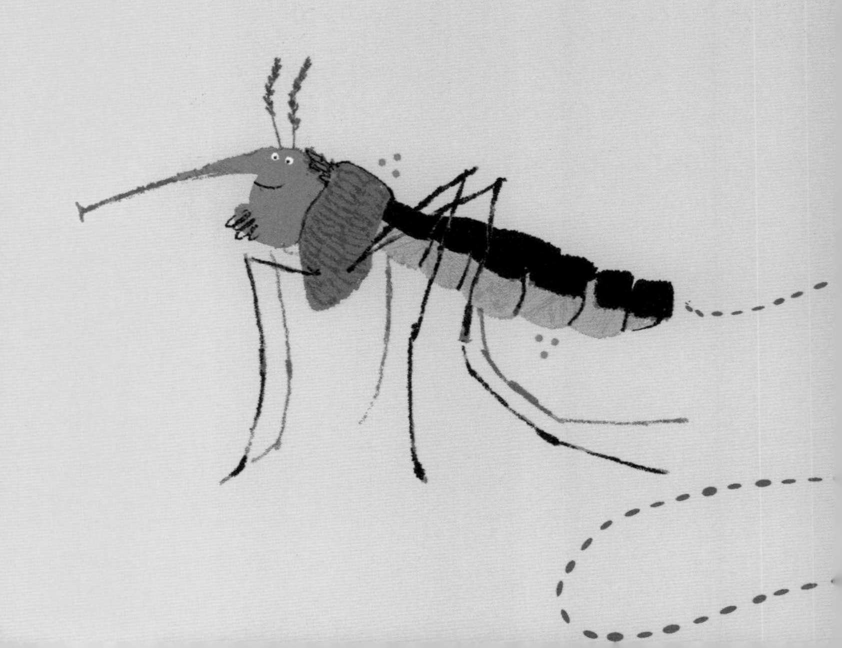

到哪里去了？

我们无法知晓，死亡之后会怎样。不过，人的生命或许只有一次，我们应该好好珍惜。我们应该充分利用生命、享受生命，并且帮助其他人也享受生命。

在未来的某一天，科学技术或许会让我们享有更长的寿命。当我们变老时，科学家或许能为我们设计出全新的年轻身体，然后用思维转移器把我们转移到全新的年轻身体里。这样的话，人类在最开始的那个肉体死亡之后，也能长命百岁。

不过，思维转移器真的能把人从一个身体转移到另一个身体吗？对于这一点，我可不确定！你认为呢？

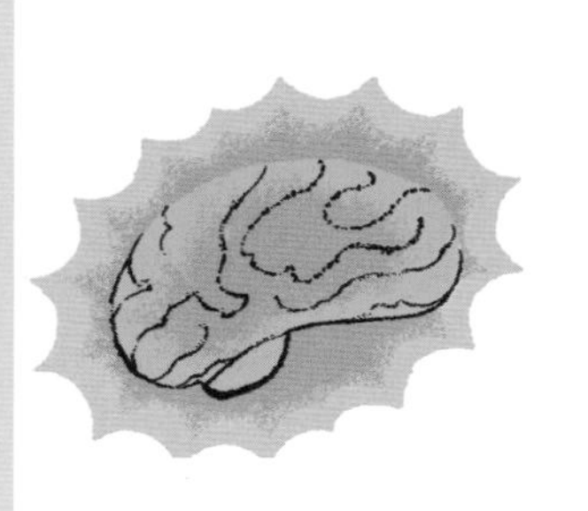

努力想一想！

如果真的有来生，
来生是什么样的？
我们在来生会干什么？
会感到厌倦吗？会淘气吗？
如果不会，那是为什么？

我的身体是怎样工作的?

你是人类的一员——也是一种动物。不过，动物是什么？我们知道鸭子、鲸鱼、鼻涕虫、鱼和蚂蚁都是动物，而花、树、蘑菇和细菌不是动物。动物和非动物的区别是什么？

动物的重要特征之一是：能自由自在地移动。你能出去散步，蘑菇可没这本事！

还有一个区别是：绝大多数动物都有消化系统。食物从一端进去，废物从另一端排泄出来。动物的食物是其他生物，比如植物和其他动物。大部分植物不吃其他生物（虽然有的植物如此，如捕蝇草能捕食苍蝇）。

人有肠胃，能消化汉堡。花和树可没有这种器官。

一起来探索人体的奥秘吧！人体是如何工作的？人为什么会长大？人为什么会生病？药物是怎样驱赶病魔的？

我的身体是由什么构成的？

你的身体由生命活动的最小单位组成。这些最小单位叫细胞。细胞被称为“生命的积木”。所有生物都由细胞构成，无论是一个细胞，比如某些细菌；还是一千个细胞，比如蛔虫；或是不计其数的细胞，比如老虎或树。

地球上最简单的生命体是单细胞生物，如细菌。

细菌是一种微生物，几乎在地球上每个角落都能找到。看一眼你的手。此时此刻，你的手上有不计其数的细菌！肉眼看不见细菌，因为它们实在太小了——要在显微镜下面才能看见。

你的身体当然不是一个单个的细胞。和其他所有动植物一样，人体由各种不同的细胞组成。事实上，人体大约由100万亿个细胞组成——包括皮肤细胞、脑细胞和数百种其他种类的细胞。

人体是由细胞构成的——这些细胞由原子构成。原子组合成分子。嘿，你没被弄糊涂吧？

原子小得可怜。如果一个原子有一米高，那么，你就有一千万公里高！

人体内的原子林林总总，包括来自各种物质的原子，如钙、碳、氢、铁、氮、氧、磷和硫。这些由单一原子构成的物质，叫作元素。几乎所有这些元素都是数十亿年前星球爆炸时，在星球内部形成的。

所以说，你的身体是由细胞构成，由原子和分子构成，由宇宙尘构成！

我的身体里都有哪些生物？

多得无法想象！同其他人一样，你也是细胞构成的。不过，还有一个令人发毛的事实：你体内的很多细胞根本不属于你！事实上，这些细胞根本不是人类细胞！

那么，这些细胞到底是什么？人体内大部分细胞都属于单细胞生物——绝大多数都是各种各样的细菌。不可思议的是，人体内细菌细胞的数量约是人体细胞的十倍！如果把所有的细菌细胞从你的体内吸出来，能装满一个两升的罐子。

听起来很恐怖吧？

有些细菌的确有害。但事实上，只有极少数的细菌才对人体有害。有些细菌对人体有好处，它们能帮助你消化食物。如果体内没有细菌，你就不会这么健康啦。这些细菌是你的好朋友！

我是怎样看见东西的？

同众多生物一样，你有眼睛，能让你看到东西。

眼睛是如何工作的？我们都知道，天黑时，人什么都看不见。我们需要光才能看见东西。光照在我们周围的物体上，有些光弹回来，穿过眼睛上覆盖着的一层薄膜，进入眼球中央的黑孔——瞳孔。

每只眼睛的瞳孔后面，都有一个晶状体。进来的光被晶状体聚焦，在眼睛后部形成一个倒置的图像。

眼睛后部是一个屏幕，叫作视网膜。视网膜由数百万个特殊细胞构成。这些细胞对光非常敏感。当光到达其中一个细胞时，该细胞会发出一股小小的电荷。视网膜上所有细胞发出的电荷被传输到一根神经上，这根神经叫作视神经。视神经位于眼球后部。两根视神经——一只眼睛一根——与大脑相连。大脑后部的视觉皮层对接收到的电信号做出反应。

接下来，大脑还需要做很多工作才能让你看到东西。工作之一是：要把倒置的图像纠正成正立图。

大脑还会对你看到的东西填补空缺。一个奇怪的空缺叫作盲点。盲点是视神经离开视网膜的地方。这里没有感光细胞。所以视网膜的这个位置没有图像传输给大脑。盲点上没有图像。不过，你根本没意识到自己有盲点，对吗？

以下实验能证明你的确有盲点。闭上右眼，把书靠近你的脸（距离两个手指头这么近）。用左眼看下面的X。你能看见左边的O吗？应该可以看到。

现在，慢慢把书拉开。当书距离你的脸部大概25厘米时，发生了什么事？O不见了！把书再拉远一点，O又出现了！

O消失，是因为图像正好经过你的盲点。通常情况下，你不会注意到盲点的存在，因为大脑会自动为你填补空缺！

你认为自己看到的东西有多少是真实的？有多少是大脑为你补上的？西红柿真的是红色的吗？抑或颜色只存在于我们的思维中？你和自己最好的朋友看到的是相同的颜色吗？

这个著名的视觉假象说明，大脑能让你看见根本不存在的东西。

你或许能“看见”一个白色三角形悬浮在黑色图形之上。事实上，这幅图上根本没有三角形！

我怎样让身体动起来的?

当决定翻这页书时，你伸出胳膊，用手指把页面翻过来。不过，你是怎样做到这一切的呢?

摆一摆手指。肌肉让你的手指移动。肌腱像绳子一样把你的肌肉和骨头连接起来。摆动手指时，你能看到手背上的肌腱在动。

看！它在动！它是活的！

弗兰肯斯坦

摘自电影《科学怪人》(1931年)

是什么让胳膊和手指里的肌肉动起来的? 电流——信不信由你！微小的电信号通过脊髓和神经向下传输。神经是由细胞构成的通道，连接肌肉和大脑。电信号使肌肉收缩，让你的手指摆动。你就是通过这种方式移动身体的其他部位，比如腿。

1791年，路易吉·伽伐尼首次发现电流能让肌肉运动。他发现，电火花接触到死青蛙时，它们的肌肉会抽搐。

事实上，有时人们生病的原因是：让心脏跳动的微小的电信号太弱或速度不对，没法让心脏（它也是一块肌肉）正常运作。所以，有些人的胸腔内被植入心脏起搏器。起搏器为心脏提供所需的电流。

不过，请千万小心！电流过强会使心脏永远停止跳动。电很危险！

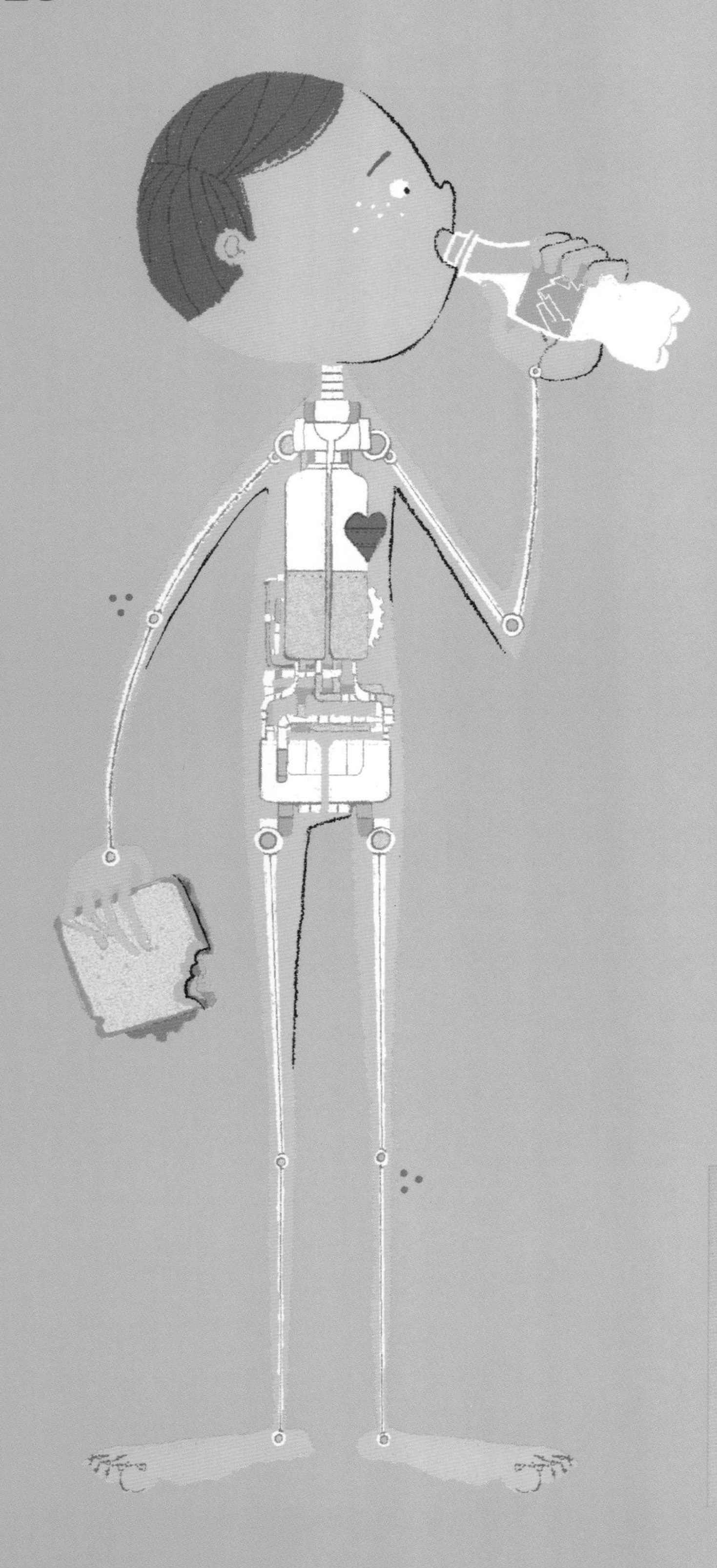

我为什么需要吃饭、喝水和呼吸？

你的身体需要食物、空气和水才能存活。这是因为人体内的细胞需要某些物质，才能维持身体的正常运转。细胞需要氧气（从人体吸入的空气中获得）和水，还需要能量和其他物质才能正常工作。

构成人体的无数细胞是如何摄取所需物质的？

人吃饭和喝水时，食物和水从口腔通过食道进入胃部。人呼吸时，空气经由口鼻通过气管进入肺部。同时心脏把血液输送到身体每个部位。血液经过肺部时，吸取从空气中获得的氧气；血液经过胃部时，吸取从食物中获得的养分。血液中的营养物质和氧气就这样被输送到身体的各个部分，供细胞存活需要。

汽车如果没有水、空气和汽油，就没法发动。同样的道理，如果缺乏水、空气和食物，身体将无法正常运转。

若无法及时补给，人能活多久？

- 没有氧气，人在 3 到 5 分钟之内就会死。
- 没有水，人在几天之内就会死。
  如果处于干燥炎热的环境中，死亡会来得更快。
- 没有食物，人能活上好几个星期！

我为什么爱吃巧克力？

绝大多数人都喜欢高脂肪食物和甜食，比如巧克力。我们为什么对这类食物情有独钟？

对于这个问题的解释要追溯到很久很久以前。几千年前，在耕作出现之前，人类必须靠捕猎和采集食物为生。

当时，甜食和高脂肪食物很稀有。但是，对人类祖先来说，这些高能量食物极为珍贵。食物匮乏时，寻找富含脂肪和糖的食物能帮助人类存活下来。

对甜食和高脂肪食物不感兴趣的人不太可能去主动寻找这类食物。于是，这些人生存和繁衍后代的概率就大为降低。那些天生热爱高脂肪食物和甜食的人，其生存和繁衍后代的概率就会相对较大。如果把对这类食物的喜好遗传给后代，从整体上来说，人类就会逐渐变得爱吃甜食和高脂肪食物。

或许，这就是你爱吃巧克力的主要原因之一！

不过，问题就在这里。几千年前，寻找和进食甜食与高脂肪食物极为不易。如今，这只不过是举手之劳，商店里这类食品应有尽有。我们可以大快朵颐，想吃多少就吃多少。不过，这种吃法太离谱了！我们的身体会承受不了。进食过多糖分和脂肪会毁坏牙齿，会让你长成小胖墩，身体变得越来越不健康。

我为什么会长大？

跟你一样，所有孩子都会成长，这是激素在起作用。大脑中的腺体会分泌生长激素。生长激素进入血液，被输送到身体各部位，促使细胞分裂。这样，人就会长大。

婴儿的成长速度快得令人惊叹——在出生后第一年内，婴儿的身高会增长25厘米。两岁以后，孩子会以每年6厘米左右的速度继续生长，直到8至13岁。之后，他们的身体会进入另一个生长发育期。

我们的身体也会以其他方式成长。其中一种让身体变得更强壮的方式是：经常锻炼肌肉。有些人去健身房举重，举重能促使肌肉增长。健美运动员通过举重让自己的身体变得很迷人。他们长出健壮的肌肉，在健美比赛中展现自己的傲人身材。

健美运动员必须通过举重来维持发达的肌肉。一旦停止训练，他们的肌肉会很快缩回到原来的状态。

为什么我会长出新的脚指甲，却不会长出新的腿？

每隔一段时间，你必须修剪自己的脚指甲和手指甲。它们会不断长长。有一次，我有个朋友不小心把自己的一整块脚指甲弄掉了。但不久之后，脚指甲又重新长出来了。每次理发之后，头发也会很快长出来。

身体上的某些东西被剪掉后，会重新长出来。不过，能重新长出来的身体部位可不多——你的腿肯定不行！

但动物则另当别论。有些动物的四肢能再生，比如蝾螈。

如果蝾螈能长出一条新腿，人为什么不能？

在未来的某一天，我们或许也可以——当然要在科学的帮助下！

最近，科学家发现了一种改变小鸡体内细胞的方法，让小鸡的翅膀被切除后能重新长出来。既然科学家能让小鸡长出新翅膀，那么，让人类长条新腿这个神话或许也有可能会实现。

我的脚丫为什么臭烘烘的？

跟我一样，你的脚丫子有时候也会臭烘烘的。这全都是细菌这种微生物惹的祸。你的脚会出汗，汗液本身并没有气味。但脚上、鞋子里和袜子上的细菌喜欢生活在黑暗、温暖和潮湿的地方，比如你的汗脚上。这些细菌把汗液分解成臭烘烘的物质。

人们对臭脚丫避而远之。但并不是所有的东西都讨厌脚臭。事实上，蚊子对它就情有独钟。

最近，科学家发现蚊子对三天不洗的臭袜子最感兴趣，简直是趋之若鹜。蚊子也喜欢某些有臭味的乳酪。这是因为，让人脚发臭的细菌也喜欢生活在臭不可闻的乳酪里。难怪脚臭闻起来和臭乳酪很像。这才叫臭味相投！

我喜欢自己脚的味道。
脱掉帆布鞋的时候，
我超喜欢闻帆布鞋的味道。

美国女演员
克里斯蒂娜·里奇（生于1980年）

我为什么有肚脐眼？

肚脐眼是婴儿出生后脐带被剪掉、残桩脱落后留下的痕迹。胎儿在妈妈子宫里成长时，通过一根管道跟妈妈相连，这根管道就是脐带。胎儿通过脐带获取生存和成长的养分——氧气、水和食物。

婴儿出生后，就不再需要脐带了，他们用肺部呼吸，用嘴吸吮乳汁。脐带于是被剪掉，残桩脱落后留下了肚脐眼。

信奉上帝的人认为，上帝创造了第一个人——亚当。有时候，他们也好奇，不知亚当是否有肚脐眼。如果是上帝创造了亚当，那么亚当肯定不会在子宫里长大，就不会有肚脐眼。不过，图画中的亚当都是有肚脐眼的。要是没有肚脐眼，亚当看起来肯定会非常怪异吧？

我为什么需要睡觉？

我们为什么需要睡觉？几乎所有的动物都需要睡觉。猫睡觉，狗睡觉，鸟睡觉，甚至某些鱼类也会进入深度休息的状态，就好像睡觉一样。但是，人和动物为什么需要睡觉？

一种理论认为，人需要睡觉，身体才会得到调整。不过，人们醒着的时候，身体为什么得不到调整呢？还有一种理论认为，人睡觉是为了节约能量。

但事实是，我们不知道人到底为什么需要睡觉。虽然我们一生中有很多时间都在睡眠中度过，但我们真的不明白，人为什么要睡觉。这个科学谜题依然有待解决。

你认为自己为什么需要睡觉？等你成了大科学家，或许就能解开这个谜题了！

我能长生不老吗?

随着时间的流逝，我们会一天天变老。但我们一定非得变老或死亡吗？我们为什么不能永远像20岁那样漂亮健康？

在《道林·格雷的画像》这个故事中，道林有一幅自己的魔法画像。画像中的道林一天天变老，但现实中的道林却永远保持青春和美貌。画像被摧毁时，道林在一瞬间变老并死去。

你渴望像道林那样永葆青春吗？你渴望长生不老吗？

人类不可能长生不老。在科学的帮助下，人类的寿命或许会延长。科学家已经发现，衰老是人类不可抗拒的自然规律。基因——人体结构的设计图，存在于每个人体细胞中——注定了人类会衰老和死亡。在未来的某一天，科学或许能改变人类的基因，我们就不会老得这么快了。

不过，这会是一件好事吗？有一个问题是：地球上或许会人满为患。地球上的人本来就够多了。如果人类的寿命变得很长，人的数量就会不断增多！

年老的悲剧不是因为他
已经衰老，而是因为他依旧年青。

亨利·沃顿爵士

摘自奥斯卡·王尔德的小说
《道林·格雷的画像》(1890年)

我为什么会得感冒呢?

导致人生病的原因数不胜数。其中一个最普遍的病因就是病毒。绝大多数病毒都很小，在普通显微镜下根本看不到，必须使用电子显微镜才能看到。

有些病毒能入侵人体，让我们生病。有一种病毒肯定曾经入侵过你的身体，那就是感冒病毒。病毒是如何入侵的？感冒是怎样引起的？

感冒患者打喷嚏时，会把感冒病毒散播到空气中。你一不小心就有可能吸入带有感冒病毒的空气。或者，你碰到感冒患者碰过的门把手，然后又碰到了自己正在吃的食物。

病毒入侵人体后，会进入鼻子和嗓子里的细胞，然后利用这些细胞进行繁衍。这样，人就会生病。

幸运的是，人体的免疫系统可以对抗感冒病毒。免疫系统制造并输送一种叫“抗体”的蛋白质去寻找并攻击病毒。人体内的特殊细胞会摧毁被感染细胞，彻底消灭病毒，这样你的感冒就好了。不过，免疫系统消灭感冒病毒需要好几天的时间。

很多种严重的疾病也是由病毒引起的，包括麻疹、小儿麻痹症、水痘和流行性感冒（流感）。流感病毒经常发生变异，时不时以新面孔出现，席卷全世界，让无数人丧生。

如何防止病毒传播？勤洗手，打喷嚏的时候用手遮住嘴。

我们还能通过接种疫苗来保护自己。你肯定接种过疫苗，以保护自己远离小儿麻痹症这类严重的疾病。疫苗中含有非常微量的灭活或减毒病毒，这样，人体就会制造出抗体并杀死病毒。含有抗体的细胞就像忍者斗士一样，在你的体内站岗放哨，保护你远离病毒的入侵。

我为什么会感到疼痛？

人不会无缘无故地感到疼痛。疼痛是一种警告——告诉你，你的身体出了毛病，需要治疗。这样，你就会停止导致疼痛的行为。例如，疼痛会告诉你，你扭伤了脚踝。这样，你就会停止跑步，让自己的伤势不会加重。疼痛的滋味可不好受，但它是一件好事！

有极少一部分人根本感觉不到任何疼痛。这是因为他们的体内没有痛觉神经。这样很危险，特别是当这些人年纪很小的时候，因为他们不会意识到自己受伤了。所以说，如果你能感觉到疼痛，真该谢天谢地！

药为什么能治病？

药物数不胜数。每种药物的功效都不一样。其中一种最广为人知的药物是抗生素，如青霉素。

1928年，一位名叫亚历山大·弗莱明的科学家在培养皿中培养细菌，以供做实验用。弗莱明发现，培养皿中有个角落长了一块青霉菌。他本来打算把培养皿扔掉，但他突然注意到青霉菌中的某种物质能杀死细菌。弗莱明把这种物质命名为“青霉素”。

后来，科学家给细菌感染患者注射青霉素，挽救了他们的性命！

如今，如果你患上极其严重的感染，如败血症或肺炎，医生有可能会给你注射青霉素以杀死细菌。

为什么我很幸运？

原因之一就是：跟千百年前出生的孩子不一样，你长大成人的概率很大。

在早期人类历史上，约三分之一到一半的孩子都无法存活。很多孩子死于感染和疾病。人类到最近才知道如何预防这些感染和疾病。

你还能想出其他理由证明自己是个幸运儿吗？

怎么知道某种药物是否有效？

在过去，并非所有的药物都有效。直到19世纪后期的近两千年时间内，人们都用放血疗法来治病。医生切开病人的血管，放出“坏血”。

如今，我们知道，给病人放血不一定能治病。但古人为什么相信放血能治病呢？

有时，病人被放血后，病情的确有所好转。目睹了这一现象，医生就误以为这是放血的功劳。不过，大部分情况下，病人不管怎样都会自己好起来，不是吗？那我们该如何确定某种药物是否真的有效？

我们必须做一个实验：把一群病人随机分成两组，只给其中一组药物。如果吃药那一组病人病情好转，而另一组没有，这就证明药物有作用。

果真如此吗？事实上，如果你告诉病人，他们吃过药，很多人就相信药物会起作用；即使药物没起作用，他们也会说药物起了作用！这就是所谓的“安慰剂效应”。

二战期间，亨利·毕彻博士报告了一宗非常有名的个案。毕彻博士在治疗受伤士兵时，止痛药吗啡用完了。于是，他给士兵饮用了一种无毒液体，告诉他们那是吗啡。不可思议的事情发生了，假药似乎起了作用——士兵们说，他们的疼痛减轻了！

为了确定药物是否真的起作用，我们不应该告诉每个小组的成员他们吃了真药还是假药。或许，发药的医生也不应该知情。

如果吃真药那一组中的大部分人都病情好转了，而对照组中的人都没有好起来，那就能很好地证明：药物真的起了作用。

3

神奇的我

跟砖头、小草、火山和行星不同，人类有思维。人类的思维很奇特。事实上，人类思维是宇宙的奇迹之一。在这个微不足道的星球上，在浩瀚和古老的宇宙中，思维出现了！

当然，不仅仅人类才有思维，其他动物也有，但人类的思维很特别。其中一个原因就是：我们能深层次地思考人类的本性和起源。我们还能思考道德，思考是非对错。跟动物相比，人类的语言更强大、更复杂。只要发出一点声响，或是在纸上涂写几下，我就能把自己的想法告诉别人。我现在正在这么做……

我的思维是什么?

你有思维。不过，这是什么意思?

首先，这意味着你有各种体验。此时此刻，你正在体验这本书。你能看见纸，用手指感觉纸，翻页时听到纸发出来的沙沙声。如果愿意的话，你还可以闻闻纸的气味，尝尝它的味道。（我建议你别这么做！）你还会有其他各种各样的体验，比方说疼痛；也会有感情，比方说开心和伤心。

你还能用思维做其他事情。你能思考，解决问题——比如解决一个难题。你还能记住发生在自己身上的事情、制订未来的计划、理解语言——包括你现在正在读的这些词语。

我的思维在哪里？

你现在知道思维是什么了。但是，思维在哪里？

思维等同于大脑吗？

大脑藏在人的头颅里，是一个软乎乎、核桃形状的灰色器官——大概有两个拳头并拢靠在一起那么大。

很多研究脑活动的科学家认为，思维完全等同于大脑。几乎所有人都认同，思维和大脑至少相互影响。

一个人的大脑活动会影响思维，这点已被证实——通过用电流刺激大脑，科学家能让你笑、让你哭或是重温某段记忆。如果脑部遭到重击，会让你失去知觉，从而影响你的思维。药物也能改变大脑的活动状态，影响人的感受。例如，有些药物让人感觉更快乐。

我们也知道，脑损伤会影响思维。1848年，在一次工地事故中，一根铁棍穿过费尼斯·盖吉的头颅。费尼斯奇迹般地活了下来，但他性情大变、判若两人。

科学家也发现，思维活动会影响脑部活动。即使思维不等于大脑，但绝对会影响脑部活动。想移动手臂时，你的大脑会发出电信号，传输到手臂里的神经，从而移动肌肉，肌肉再让手臂移动。利用核磁共振成像扫描仪，科学家能看到人在放松和沉思时，大脑中会有哪些变化。

以前的人们并不知道思维和大脑会相互影响。有些古希腊人认为，人们用心脏思考，大脑只是用来给血液降温的器官而已。

这么说，思维和大脑的确相互影响。不过，这两者是一码事吗？

或许，你的体验、想法和记忆只是大脑活动？比方说，幸福的感觉只是一种大脑活动吗？果真如此的话，你的思维就存在于大脑之中——在你的脑袋里、双耳之间。

然而，不是每个人都认为思维和大脑是一码事。有些人认为，我们的体验和想法不仅仅是大脑活动这么简单。

但是，如果思维不是大脑，那它到底是什么？在哪里？这些问题真伤脑筋！

我会有说不清楚的疼痛感吗？

有时，某个人不幸失去一条腿。伤口愈合后，腿断掉的地方依然会痛。对当事人来说，这是一种非常奇异的感受。问他们到底哪里痛，他们却说不清楚。

所以，到底是哪个地方痛？肯定不是腿痛，因为腿已经没有了。那到底是哪里痛？或许，是断腿后留下来的残肢？亦或这种疼痛只是大脑想象出来的？这种说不清道不明的疼痛到底在哪里，哲学家和科学家各持己见。你认为呢？

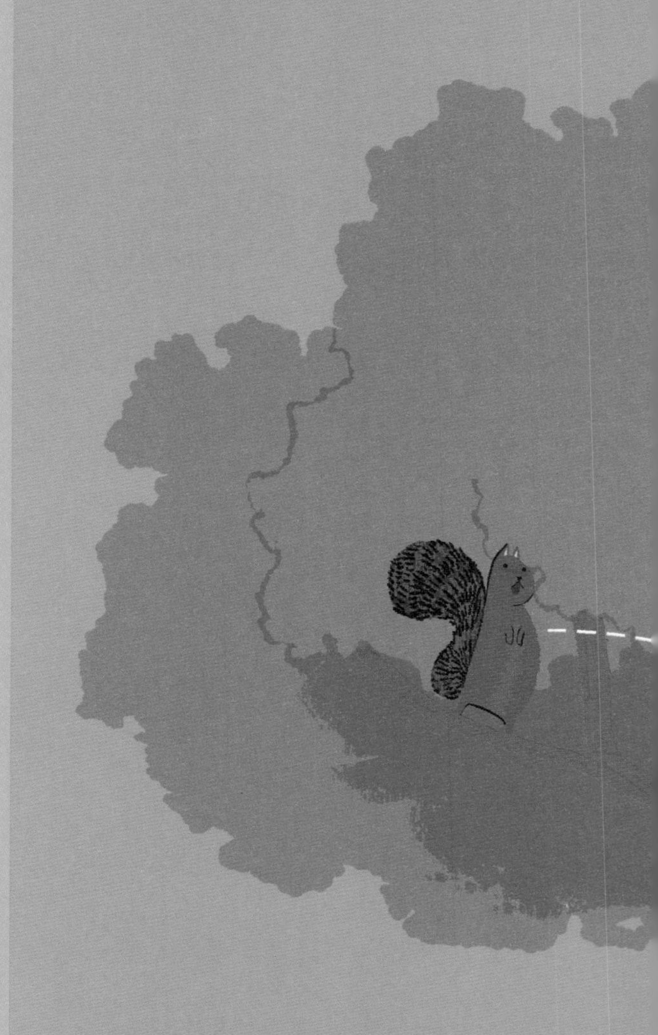

痛苦只是暂时的。
一旦放弃比赛
就再也没机会了。

自行车赛职业车手
兰斯·阿姆斯特朗（生于1971年）

我能感受到其他人的疼痛吗?

思维以奇特的方式隐藏起来。当然，你的大脑也隐藏得很好——在你的头颅里。不过，其他人至少有可能看到你的大脑。如果在你的头颅里装上一扇窗户，人们就可以偷窥你的大脑！科学家能用大脑扫描仪观察脑部活动。

你的大脑隐蔽得很好，但其他人能观察到。你的思维呢？当然，两个人或许会有十分类似、甚至完全相同的经历。比如，你和我都摔倒了，并告诉对方膝盖很痛。但我们的痛似乎是完全独立的——有两个地方在痛，因为是两个人受伤。我只能感受到自己的痛，没法感受到你的痛。我没法进入你的思维，去弄明白你的感受，去分担你的痛。

你感到疼痛时，科学家能观察到你的大脑活动。但没有人能亲身体验到你的疼痛。如此看来，疼痛和其他感受隐藏得十分巧妙，和大脑活动不一样。

这是不是表示，人的感受和大脑活动不是一码事？你认为呢？

我的大脑是怎样工作的？

人类的大脑非常复杂，它主要由微小的细胞构成。这些细胞叫神经元。我们的大脑中有800亿到1000亿个神经元。这个数字跟亚马孙热带雨林中树的总数目差不多！

大脑中的这些细胞——神经元——联结成了一张复杂的网，随着脑电活动的节奏跳动着。这张网上的联结数量跟亚马孙热带雨林中树叶的总数目差不多！

大脑是神经系统的一部分——神经系统把脑部和身体其他部分相连。大脑发出电信号，移动肌肉、运输血液、让人呼吸并控制腺体分泌物。大脑还接收身体发出的电信号，比如由指尖、眼睛、耳朵、鼻子和嘴发出的电信号。

所以，大脑就好像中央控制室，监督并掌控各项身体活动。

其他动物也有脑，但某些动物的脑十分简单。果蝇的脑只有大约10万个神经元（人脑神经元的数目是果蝇的100万倍）。线虫的脑只有302个神经元。有些动物根本就没有大脑，比如海星和水母！

我的想法是在我的大脑里吗？

假设你突然想到“我想吃乳酪”，这种想法让你有所行动——打开冰箱，去拿乳酪。

绝大多数科学家会说，因为先前所述的一系列物理原因，你会做出以下动作：走近冰箱，打开冰箱门，拿乳酪。肌肉的移动让你的腿行走，而大脑发出的电信号让肌肉移动。

大脑活动也有物理原因——某一部位的活动会引发另一部位的活动。脑部活动是外界的物理刺激所诱发的——眼睛、耳朵、鼻子感觉到的那些刺激。

如果思维就是大脑，那么思维就是这一系列物理原因的一部分——它导致你打开冰箱。但是，如果思维不是物理性质的——假设它是其他某种额外的东西，那它就根本不可能影响身体活动了！

如果思维不是物理性质的，即使你决定不去，你的腿依然会走向冰箱，因为它依然会被大脑里其他的物理反应所驱动，从而产生移动。

如此看来，思维只能是物理性质的，所以才能影响你的身体。

这点让很多人相信，人就等同于自己的大脑，思维即大脑和大脑活动。没错，你的想法和情感好像并不是大脑活动。不过，事情的表象和本质往往不相符。

你认为自己的想法存在于大脑中，还是存在于别的什么地方？

我怎么知道其

看一眼周围的人。你肯定认为，他们也有思维。不过，你怎么知道他们也有思维？

毕竟，思维是不可见的。你的思维只有你自己才能接触到。它有如一座神秘花园——一个没有鲜花树木，却充满思想和感情的花园，只有你自己才能进入。其他人永远无法走进你的思维。你能直接观察到的，只有其他人的身体和行为。

没错，其他人的行为跟你没什么差别。跟你一样，他们也能活蹦乱跳；不小心踢到脚趾头时，也会情不自禁地大叫“哎哟”。他们也会感到快乐和伤心。跟你一样，他们也说自己有思维。这点是否足以证明：其他人也能感觉到疼痛？

或许不能。假设你走进一片神奇的魔法领地——和我们的现实世界大相径庭。你朝一朵鲜花走过去，往花里面看。瞧，花里藏着一个小仙子！你会理所当然地认为世界上每一朵花里都藏着一个仙子吗？当然不会！一朵花里藏着一个仙子，你不能因此就认为其他花里也有仙子。

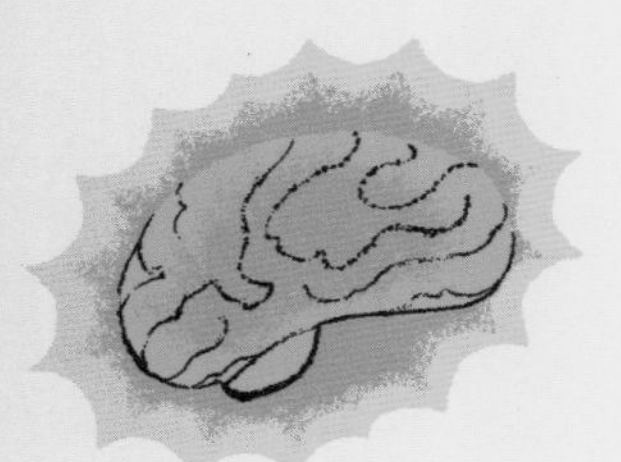

努力想一想！

机器人有思维吗？
果真如此的话，你怎么知道机器人是真的有想法和感情，还是在效仿人类？

他人也有思维？

现在，请想一想人类和人类的思维。你唯一能观察到的人类思维就是自己的思维。你了解，在你自身行为的后面，有思维的存在。不过，你并不能因此就假设，在其他人的行为后面，也有思维的存在，对吗？做这种假设跟先前花中藏有仙子的假设没有区别：看到一朵花里藏有小仙子，你就妄下结论，认为大部分或所有的鲜花中都藏有仙子。

你怎么知道其他人也有思维和身体？你怎么知道他们不是没有自主思维的机器人，或者，他们只是高度仿生的机器呢？

你怎么知道你的思维不是唯一存在的思维？

这是一个著名的哲学难题——“其他思维的问题”。对于如何解决这个问题，人们各持己见。你能想出答案来吗？

我能用意念移动物体吗？

有些人认为，人们能用意念移动物体，通过思维就行。这种能力叫“心灵遥感”。有些人声称，他们能用意念让铅笔滚动或是让小物品悬浮——就是让它们漂浮在半空中。还有一些人声称，他们能让自己悬空漂浮！

然而，很多手法高明的魔术师都能制造这些出神入化的魔术幻觉。他们使用了各种各样的手法，让人们误认为他们拥有心灵遥感的超能力。

20世纪80年代，麦克当纳物理研究实验室（McDonnell Laboratory for Psychical Research）宣称，两个实验对象能用意念折弯金属、让图像出现在胶片上。事实上，这两个男孩是魔术师。他们想证明，即便是训练有素的科学家也会被愚弄！

绝大多数科学家都认为，从未有人证明过自己拥有真正的心灵遥感能力。相信人类拥有这种超能力肯定是一种酷毙了的感觉。不过，人类恐怕没有这种本事。

为什么我在哪里都能看到人的脸？

抬头仰望云彩，或是看快要燃尽的余火，你会看到各种各样的东西。通常情况下，我们会看到人脸。

我们为什么会经常看到人脸？

原因之一是，人类的本能总是在搜索并且渴望了解同类的脸，我们依赖于这种能力。因此，人类在进化过程中变得对人脸异常敏感。事实上，这种高度敏感让我们经常“看到”人脸，即便在人脸根本不存在的地方。

我们在云彩或快要燃尽的余火中经常见到人脸的另一个原因是：这些图案看起来碰巧跟人脸很相似！

在以上两种因素的影响下，虚无缥缈的人脸有时会产生戏剧性的效果！“火星人脸”就是其中一个著名的例子。1976年7月25日，美国“海盗一号”探测器拍摄了一组火星照片。其中一张照片引起了人们巨大的好奇心——在火星表面，有一张巨大的人脸！

不过，你可能也猜到了，根本没有“火星人脸”这回事。后来拍摄到的图像揭开了谜团：所谓的“人脸”只不过是一座小山，跟人脸毫无相似之处。只不过，当太阳光线从某一角度照射时，这座小山的阴影部分看起来很像一张人脸。

“火星人脸”是两个因素的结果：第一，纯属巧合——阴影部分看起来像人脸；第二，人类的错觉——我们有时会看到实际上并不存在的人脸。

每一年，都有无数人声称，人脸会奇迹般出现在门后、吐司上、被切开的水果上……很多所谓的“人脸”被认为是著名宗教人物的脸，比如耶稣基督的脸。

不过，这些图像真的是人脸吗？

4

我能知道什么？

人类并非无所不知，但我们的确对自身所处的这个宇宙有一定的了解。科学家发现了有关宇宙的各种知识，比如：地球的年龄和运转方式。当然，通过观察你周围的世界也能了解知识。你知道，自己身处的这个世界拥有山脉、大海和动植物。你也知道，此时此刻你正在看这本书。

如此说来，你和我好像了解很多知识。的确如此吗?

关于我们对宇宙有多了解这一话题，存在很多著名的哲学谜题。这些谜题似乎说明：事实上，对于你周围的世界，你不可能无所不知，也有可能根本就一无所知。

在本章中，我们会探讨其中两个谜题。
这两个谜题是否能被解开，
就看你自己怎么判断了。

我怎么知道自己不是在做梦？

你可曾身处梦境，却以为自己是清醒的？我有过这种经历。事实上，有的时候我万分确定自己已经醒来，之后却发现自己依然在梦中神游！

如此说来，我如何能确定自己此时此刻没在做梦？你如何能确定？或许，你现在正美美地躺在被子里，睡得正香呢！你如何判断自己没在做梦？

梦中的确会发生不可思议的事情——比如，我梦见过自己可以飞。我知道这绝不可能。所以，我发现“能飞”这件事能绝好地证明我当时正在做梦。

即便有的时候我们能判断自己在做梦，但你如何判断此时此刻我们没有在做梦？或许，在这个时刻，你正在做一个栩栩如生的梦。这本书是这个梦境的一部分！

你能判断自己是否在做梦吗？使劲掐一下自己，能帮你弄清楚这个问题吗？或者，试试其他方法？

我怎么知道这世界是真实的？

如果我们的世界是某个人精心设计出来的一个幻觉或是别的什么东西，那会怎么样?

法国哲学家勒内•笛卡儿质疑万事万物。有一天，他坐在火炉旁，禁不住浮想联翩：自己是否被一个恶魔所欺骗？笛卡儿觉得，恶魔有可能在他的脑海中创造出一个幻觉，让他觉得自己正坐在火炉旁边。接下来，他又开始思索，自己曾经历的一切是否也只是恶魔用魔法变出来的一个幻觉?

“被恶魔欺骗”这个哲学观点相当令人困惑。它对“我们对世界很了解”这一假设提出了质疑。如果万事万物在我们所有人的眼中完全一样，而且有可能只是一个幻觉，那我们如何才能知道万事万物是真实存在的?

我们是否没有理由相信“世界是真实的”，所以只好认为“世界只是一个幻觉”？有些哲学家认为，我们不可能对世界无所不知；另外一些哲学家却又认为，我们能做到这一点。有人说，我们应该相信对人类体验最简单的解释——与其认为“恶魔在制造幻觉”，还不如相信万事万物就是我们所见到的那样。后者要简单多了！

你认为呢?

尼奥，你要是醒不来了怎么办？你怎么知道梦境世界与现实世界的区别?

莫菲斯

电影《黑客帝国》（1999年）

我怎么知道我自己是真实的？

你如何能确定自己的的确确存在？或许，你只是某个人凭空想象出来的！你有可能只是一个幻觉吗?

笛卡儿认为，如果你在思考，你在质疑，你肯定就存在。他认为，你或许会搞错很多事情，但你绝不可能搞错“你的确存在”这个事实。他的观点“我思故我在”是他真实存在的证据。

笛卡儿的证据真的有用吗？会不会是恶魔让我们把最简单的证据都搞错了——包括笛卡儿这个证据？或许，恶魔让笛卡儿的推理出了错误?

我怎么知道太阳明天依然会升起？

再来看看这个谜题：对不能直接观察到的宇宙的点点滴滴，人类能了解吗？我们无法直接体验宇宙的绝大部分。从未有人体验过未来，因为未来尚未来临。人类也无法观察数百万年之前的地球到底是什么样子，或是去看看地心到底藏了什么东西。

但我们认为，人类对宇宙很了解。例如，我们很确定地球内核是熔化的铁构成的，而非融化的乳酪。

我们还认为，人类知道明天会发生什么事：比如，太阳会升起。当然，我们明白这有可能会出错。毕竟，一颗彗星有可能在今晚与地球相撞，让地球停止围绕地轴旋转。这样的话，明天太阳就不会在地平线上升起。这是一种可能——不过，这种可能性微乎其微。所以我们认为，可以理所当然地相信太阳明天依然会升起。

为什么呢？这是因为长期以来我们每天目睹太阳升起。今年的每一天，我都看见太阳升起。基于以往的经验，我认为太阳明天依然会升起。

按照这种推理，我们难道不能认为宇宙是有规律的吗？我的意思是，我们难道不能认为，在某个地方发生的事情，会在其他地方发生吗？在某一时刻发生的事情，是否也会在另一时刻发生？不过，宇宙或许不是这样的。

或许，宇宙没有固定规律，它就像是一块拼布，每一小块有固定图案，却没有整体意义上的固定图案。或许在明天，就好像蚂蚁爬过拼布一样，我们将到达一处不同的图案，每件事情都会稍有不同。或许，明天太阳不会升起，天空中会出现一朵巨大的向日葵！

如果我们理所当然地认为，宇宙有固定规律，那么我们就能理所当然地认为：太阳明天依然会升起——因为过去就是这样。不过，我们又如何知道，宇宙没有固定规律呢？我们当然不能光凭此时此地的情景，就断定其他地方也如此。这种论点是在假定宇宙有固定模式！

我们有什么理由一定要认为自然界是有规律的呢？如果缺乏理由，我们非但不能肯定太阳明天一定会升起，也根本没有理由假定它会升起。如果这样的话，我们可以理所当然地认为一朵巨大的向日葵会升起！

当然，这个结论听起来好像很离谱。不过，它是正确的吗？哲学家依然对此争论不休。你认为呢？我们能知道太阳明天依然会升起吗？

当然，你或许会相信很多各种各样的事情，即使其中大部分都是错误的。例如，你或许会相信，北极居住着巨型蚂蚁，它们打个喷嚏，就会让你头破血流！

我们要知道哪些事情是不正确的——这一点很重要吗？非常重要，特别是在下面这些情况下——当我认为喝厕所清洗剂对自己有好处或是自己能在水下呼吸时。有时候，错误的想法会伤害我们。

如果我们渴望相信正确的东西，哪种方法能确保我们的绝大多数想法都正确呢？

运用推理的力量不失为一种好方法。试试像侦探一样思考。侦破一宗蹊跷的谋杀案时，侦探要小心翼翼地掂量证据，万分谨慎地构建并核对论点。当然，他们并不一定每次都能百发百中，将凶手绳之以法。有时候，他们也会出错。

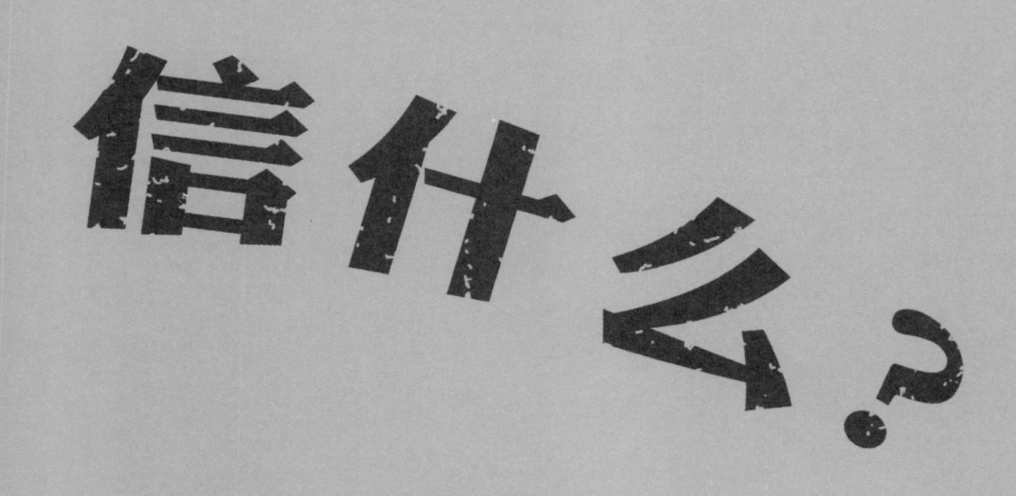

然而，在断定谁有罪时，与在疑犯名单中随机选一个或是掷硬币相比，运用推理绝对是一个更高明的方法。

把你的脑袋想象成一个篮子，各种各样的想法正朝这个篮子滚过去，有些是正确的，但很多是错误的。你需要某种过滤器让正确的念头进到篮子里面去，并把错误的念头拒之篮外。要不然，你的脑袋里会装满一大堆荒谬的念头！

质疑和推理能力或许算不上是一个完美的过滤器——不过，也相当管用。千万不要把你的推理能力冷冻起来！

努力想一想！

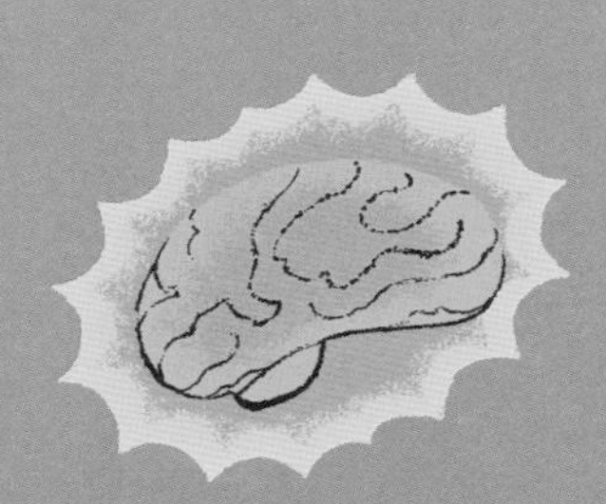

有时候，相信不正确的东西是否更好？如果是这样，什么情况下该相信假的东西？为什么？

术语表

来生 指死亡之后的生命。有些宗教人士认为，人死后会进天堂。其他人认为，人死后会转世——重新获得生命，变成人、大黄蜂或是一株植物！

古希腊人 2500 年前生活在希腊的人们。

抗体 是人体免疫系统的一部分，由人体合成。它体积虽小，却如忍者般顽强。抗体能找到并摧毁入侵人体的各种病原体，比如细菌和病毒。

原子 元素的最小粒子。一切有形物体皆由原子构成。原子本身又有若干部分，包括电子、中子和质子。

细菌 微小的单细胞组织。地球表面任何角落都有细菌的存在。它们也被称为微生物。某些种类的细菌会引发感染，但其他细菌——比如生活在人类肠道中的细菌——对人类有益无害。

盲点 位于眼睛后部的一小块区域，那里没有感光细胞。这导致你视线中的某个区域看不见东西——虽然你平时压根儿没注意到。

十亿 一百万的一千倍（1,000,000,000）。

细胞 构成生命体的基本单位。一切生物都是细胞或者由细胞构成。

大脑 人头颅里一个大大的、核桃形状的灰色器官。

彗星 围绕太阳旋转的由冰构成的小天体。当它与太阳足够接近时，便会出现“彗尾”。

欺骗 欺骗某个人就是哄骗他们相信不真实的东西。撒谎是一种欺骗的方式。

勒内·笛卡儿（1596–1650） 著名的法国哲学家，其代表作是《第一哲学沉思集》。

元素 由单一种类原子构成的物质叫元素。目前，已知的元素共有 118 种，包括碳和氢。

电子 原子中带负电的粒子。

肌肉 肌肉是一种组织，能帮助我们支撑骨架、移动身体。肌肉通过肌腱与骨骼相连。

神经系统 由神经细胞和神经纤维构成的网络结构，把电脉冲传输到全身各部位，以控制身体的主要功能，如呼吸。神经系统由脑、脊髓和神经组成。

神经 神经是人体内电缆般的结构，把电脉冲传输到全身各部位。

神经元 这种特殊的细胞把微小的电脉冲传给相邻的神经元，即神经细胞。

视神经 把电脉冲从视网膜传给大脑的神经。

器官 具有特殊功能的人体构成部分。例如，心脏是输送血液的器官。

科学家 利用科学方法试图查明真相的人。

繁殖 生物能繁殖，即产生出新的个体。

探测器 用来寻找物体的一种设备。太空探测器是被发送到太空中的无人驾驶宇宙飞行器，用以探测太阳系和系外天体。

哲学家 应付各种难解问题（通常是借用科学方法无法回答的问题）的思想家。

证据 证明某件事情正确或者属实的凭据。

瞳孔 虹膜中间的一个小圆孔，让光线进入眼睛的通道。

转世 是来生的一种形式。有些人相信，人死后会重生，虽然不一定能再次做人。

亲戚 你的家族成员，比如父母、兄弟姐妹、祖父母和其他家族树上的成员。

肌腱 坚韧的带状结缔组织，把肌肉附着和固定在骨骼上。脚跟有一条很明显的肌腱，连接踵骨和小腿肌肉，叫作“阿基里斯腱”。你还可以看到手背上和手腕下的肌腱。

电子显微镜 显微镜是用来观察细微物体的。电子显微镜用电子束而不是光束来给样本成像。电子显微镜的分辨本领远远优于光学显微镜。

幻觉 我们观察到的具有欺骗性的某样东西。

能量 促使物质运动的一种力量，比如，发电站能发出电能，驱动电视和冰箱运转。

体验 我们用感官（触觉、味觉、听觉、视觉和嗅觉）体验周围的世界。我们也体验情感（如高兴和害怕）和知觉（比如疼痛）。或许还存在其他各种体验，比如宗教体验。

家族树 一个家族世世代代繁衍下来的血统关系，比如，你的母亲、父亲、祖父母和曾祖父母。

受精 通过有性繁殖出生的动物，其生命开始于卵子受精。这是动物繁殖的最关键部分。

基因 由位于细胞核内的DNA构成的化学指令。基因含有构建人体所需的信息和如何构建并维持细胞的信息。

代 你是一代——你的父母是上一代。你的祖父母是上上一代，以此类推。

路易吉·伽伐尼（1737–1798） 意大利物理学家和医生。

腺 是人体内一个器官，分泌化学物质，让身体正常运作。

晶状体 是眼睛的一部分，把物体发出的光聚焦到视网膜上，形成图像。晶状体位于瞳孔后面。

约翰·洛克（1632–1704） 英国著名哲学家。

分子 由两个或多个原子组成的粒子。

核磁共振成像仪 这种扫描仪利用磁铁和无线电波窥视有形物体（比如人体）的内部。

病毒 一种具有感染性的微小粒子，只能在活着的宿主体内进行自我复制。例如，感冒病毒入侵人体，在人体内存活，进行自我复制。

物种 一群能一起繁衍后代的动植物群体。人类是一个物种。

养分 生物存活和生长所需的物质。

视网膜 位于眼睛后部的一个表面，含有感光细胞，可分为视杆细胞和视锥细胞。这些细胞把光转换成神经脉冲，然后传到大脑，让大脑能辨认出眼睛看到的东西。

科学方法 试图查明真相的一种特殊方法。科学方法基于观察、测量和实验。科学家创立关于世界的理论或假设，然后进行测试；必要时进行修改。

头颅 头部的硬骨头，保护大脑。

失去知觉 在这种状态下，一个人对其周围的环境一无所知，无法看见、感觉或思考。

宇宙 是空间和万事万物的总和。宇宙包括太阳系和太阳系之外不计其数的恒星和行星。有些科学家认为，我们身处的宇宙并不是唯一的。

视觉皮层 是大脑中负责处理视觉信息的部分，位于大脑后部，通过视神经和眼睛相连。

理论 关于某件事如何或为何会发生的一种看法。

万亿 一百万的一百万倍（1,000,000,000,000）

冥想 人的一种思维状态：清空头脑里的所有意念和想法，或者将所有注意力集中在某种事物上。这有助于人们获得宁静。许多宗教传统里都有这种习惯。

假设 基于人类尚未观察到的事物所产生的说法。例如，如果看见窗帘下有一双鞋，你就假设窗帘后面有人（也有可能只是一双鞋）。你可以拉开窗帘来验证自己的假设是否正确。

安慰剂 一种虚假的疗法或药物。如果病人信以为真，或许真的会产生某种积极效果。

有形 有形宇宙包括有形物质和存在于时空中的能量。不过，有形宇宙是存在的唯一方式吗?

索引

深度阅读

推荐书目

《给孩子的哲学书：40个有趣的问题，帮助你理解所有的事》 戴维·怀特 著
Philosophy For Kids: 40 Fun QuestionsThat Help You Wonder…… about Everything!—David White

《完全哲学手册》 史蒂芬·劳 著
The Complete Philosophy Files—Stephen Law

《我是谁？》 理查德·沃克 著
Who Am I?—Richard Walker

《为什么鼻涕是绿的？》 格伦·墨菲 著
Why Is Snot Green?—Glenn Murphy

参考网址

关于人体
http://kidshealth.org/kid

视觉的幻象
kids.niehs.nih.gov/games/illusions/index.htm

科学博物馆：我是谁
www.sciencemuseum.org.uk/WhoAmI

挑战你的思维

想找出世界和我们自身的奥秘可能会比较难。在这儿我想通过一个著名的例子简单说说人容易犯的一个错误：

假设我给你看一个很小的靶子，上面显示中了十发子弹，再告诉你这些子弹是从50米开外打中靶子的。你是否会认为我是个技艺精湛的神射手？

你能肯定这一点吗？

要判断我是否是神射手，你不能光看我射中了多少发，还得算算我射偏了多少发。此时你再看看我射击时靶子后面那堵墙，会发现上面遍布着数千个枪眼——都是我没射中的！所以实际上我很不会射击，只是碰巧射中了十发而已。

所以请记住：不要光看到支持你论点的那些数据，也要看清那些可能证明你犯了错的论据。得不断测试你认为是正确的观点。好的思想家总是能看到自己所犯的错误并从中学到教训。